FORSCHUNGSBERICHTE DES LANDES NORDRHEIN-WESTFALEN

Nr. 1281

Herausgegeben
im Auftrage des Ministerpräsidenten Dr. Franz Meyers
von Staatssekretär Professor Dr. h. c. Dr. E. h. Leo Brandt

Prof. Dr.-Ing. Franz Kollmann, München

Dr. rer. nat. Reinwald Teichgräber, München

Institut für Holzforschung und Holztechnik der Universität München

Die Abhängigkeit der Querzugfestigkeit der Spanplatten vom Anteil an Feingut

Springer Fachmedien Wiesbaden GmbH

ISBN 978-3-663-06060-4   ISBN 978-3-663-06973-7 (eBook)
DOI 10.1007/978-3-663-06973-7

Verlags-Nr. 011281

© 1963 by Springer Fachmedien Wiesbaden

Ursprünglich erschienen bei Westdeutscher Verlag, Köln und Opladen 1963

Inhalt

Einleitung 7

1. Durchführung des Querzugversuchs 9

2. Kritische Beurteilung des Querzugversuchs 12
   a) Allgemeine Gesichtspunkte 12
   b) Einfluß der Rohdichte 12
   c) Einfluß des Preßdrucks 13
   d) Einfluß der Spanabmessungen 14

3. Versuche zur Ermittlung der Abhängigkeit der Querzugfestigkeit vom Feingutanteil 17
   a) Herstellung der Versuchsplatten 17
   b) Beurteilung des Feinguts 18
   c) Leimaufnahme durch Späne und Feingut 22
   d) Querzugfestigkeitsversuche an Platten mit verschiedenem Feingutanteil 23

4. Literaturverzeichnis 33

Einleitung

Die Tatsache, daß sich in der Bundesrepublik Deutschland die Produktion an Holzspanplatten von 1951 bis 1960, also innerhalb von 9 Jahren, etwa verzwanzigfachte und 1961 rd. 1 Million m³ erreichte und daß die jährliche Zuwachsrate der Produktion sogar größer ist als bei den Kunststoffen, muß sehr gewichtige Gründe haben. Folgende sind hauptsächlich zu nennen:

1. Im Zeitalter der Industriegesellschaft sind plattenförmige, spezifisch leichte und leicht bearbeitbare Werkstoffe für die Möbelherstellung und den Innenausbau besonders geschätzt, da sie mit wenig Arbeitsaufwand verwendbar sind.
2. Die steigenden Qualitätsansprüche der Verbraucher führen zwangsläufig zu einer Bevorzugung jener Platten, die hohes Standvermögen haben, also bei Feuchtigkeitsschwankungen ihre Abmessungen wenig ändern und sich nicht werfen. Spanplatten sind hier den früher vorherrschenden, im Möbelbau verwendeten Tischlerplatten überlegen.
3. Die Herstellung von Spanplatten erfolgt im Trockenverfahren und ist deshalb wärmewirtschaftlich besonders günstig. Auch der Verbrauch an mechanischer Energie liegt verhältnismäßig niedrig.
4. Die Spanplattenindustrie eignet sich in besonderem Maße zu Mechanisierung und Automatisierung und kommt damit einem wesentlichen Entwicklungszug neuzeitlicher Industrien besonders entgegen. Trotz steigender Material- und Lohnkosten ließen sich die Herstellungskosten und damit Verkaufspreise der Spanplatten senken.
5. Zu Spanplatten lassen sich in großem Ausmaße minderwertige Holzsortimente und Holzabfälle verarbeiten.
6. Die Erweiterung der technologischen Kenntnisse über die Spanplatten und die Verfeinerung der Verfahrenstechnik bei ihrer Herstellung haben dazu geführt, daß die Güte der Spanplatten seit ihrem Erscheinen am Markte wesentlich gesteigert werden konnte.

Sicher ist, daß ohne Steigerung und fortlaufende Überwachung der Güteeigenschaften die Spanplatte sich keinesfalls so hätte entwickeln können, wie sie es getan hat. Welches sind nun die wichtigsten Güteeigenschaften von Spanplatten? Verlangt wird eine Rohdichte, die nicht zu hoch über jener von Nutzhölzern für den Möbelbau und von Sperrhölzern liegen soll; rd. 600 kg/m³ werden heute als Richtwert einmal unter dem Gesichtswinkel der Verarbeitung (leichte Hantierbarkeit), zum anderen unter dem der Sicherung ausreichender mechanischer Eigenschaften angesehen. Gefordert werden ausreichende Biegefestigkeit, Steifigkeit, Härte, Kohäsion, Kantenfestigkeit, Nagel- und Schraubenhaltevermögen.

Unerläßlich sind weiter Glätte der Oberflächen, die aber auch so beschaffen sein müssen, daß sie gut verleimt werden können. Schließlich sollen die Platten wenig Feuchtigkeit aus der Luft aufnehmen, bei Befeuchtung ihren Zusammenhalt nicht verlieren und wenig quellen. In bestimmten Fällen wird auch die Eigenschaft »schwer entflammbar« verlangt.

Zu diesen Forderungen der Verbraucher gesellt sich das für den Hersteller zwingende betriebswirtschaftliche Gebot, daß alle aufgezählten Qualitätsmerkmale mit keinem höheren Bindemittelaufwand als etwa 8% Trockenharz, bezogen auf das Trockengewicht des Spangutes, erkauft werden, wobei selbstverständlich ein höherer Bindemittelgehalt in den Deckschichten angebracht sein kann, der dann durch einen niedrigeren in der Mittellage ausgeglichen wird.

Aus allen dargelegten Gründen für die rasche Entwicklung der Spanplattenindustrie folgt, daß den qualitätsbestimmenden Faktoren und ihrer Überwachung besonderes Augenmerk geschenkt werden mußte. Dabei stellte sich heraus, daß sich die Kohäsion und mit ihr die mechanischen Eigenschaften, einschließlich Kantenfestigkeit, insbesondere aber Nagel- und Schraubenhaltevermögen, verhältnismäßig einfach und ausdruckskräftig durch die Querzugfestigkeit beurteilen lassen. Allerdings ergeben sich dabei auch gewichtige Fragen, von denen nur einige angeführt seien:

a) Welche Streuungen der Querzugfestigkeit sind innerhalb einer Platte aus einer Lieferung und innerhalb der laufenden Plattenproduktion zu erwarten?
b) Welchen Einfluß hat die Größe der Probekörper auf die Versuchsergebnisse?
c) Welchen Einfluß hat die Art der nötigen Verleimung der Plattenausschnitte zwischen den Jochen?

1. Durchführung

Um die Querzugfestigkeit von Spanplatten zu bestimmen, müssen aus den Platten oder aus Plattenabschnitten kleinere Probekörper herausgeschnitten werden, die zwischen hartes Holz oder Metalljoche eingeleimt werden, damit eine ordnungsgemäße Einspannung möglich wird. Die Probe selbst kann nicht eingespannt werden, da ihre Kantenfestigkeit nicht groß genug ist und der Querbruch auch ganz frei erfolgen soll. Es hat sich eingebürgert, quadratische Proben mit 50 mm Kantenlänge zu prüfen, obwohl E. PLATZ [1] darauf hingewiesen hat, daß die Verringerung auf 25 mm Kantenlänge Randeinflüsse schärfer erfassen läßt. Über den Normentwurf ist lebhaft diskutiert worden. Eine endgültige deutsche Norm liegt aber jetzt vor (DIN 52365). A. DOSOUDIL [2] hat die in die Norm übernommene Anordnung gemäß Abb. 1 vorgeschlagen, die zweckmäßig ist und nach der im Institut für Holzforschung und Holztechnik der Universität München gearbeitet wird.

Verleimt wird mit einem Harnstoff-Formaldehydharzleim zwischen zwei Buchenholz-Klötzchen. Um bei den meist erforderlichen Reihenprüfungen die Preßzeiten (der Preßdruck in Höhe von 1,5 kp/cm² wird über einen Kolben mit Druckluftbetätigung erzeugt, Abb. 2) zu verkürzen, wird Hochfrequenzerwärmung angewendet. Jeweils werden gleichzeitig zwei bis fünf Proben innerhalb von 45 sec verleimt. Ausgedehnte Vorversuche haben den Nachweis erbracht, daß die Querzugprüfungen zu den gleichen Mittelwerten und Streuungen der Querzugfestigkeit führen, wenn kalt oder wenn in einem hochfrequenten Wechselfeld warm verleimt wird. Nach dem Verleimen werden die Proben mit den Jochen in der Regel mindestens 72 Stunden lang im Normalklima (20/65 DIN 50014) gelagert. Beim Versuch (Abb. 3) werden die Proben mit den Jochen in kardanisch aufgehängte Einspannvorrichtungen eingesetzt und zentrisch zum Mittelpunkt des quadratischen Querschnitts, senkrecht zur Plattenebene in der Zugprüfmaschine gleichmäßig so belastet, daß

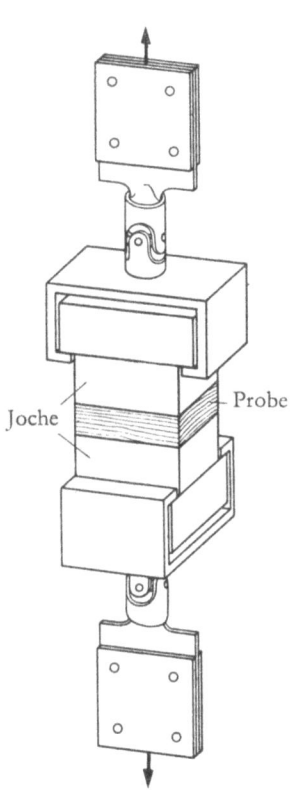

Abb. 1
Einspannvorrichtung und Probe für Durchführung des Querzugversuchs an Holzspanplatten nach DIN 52365

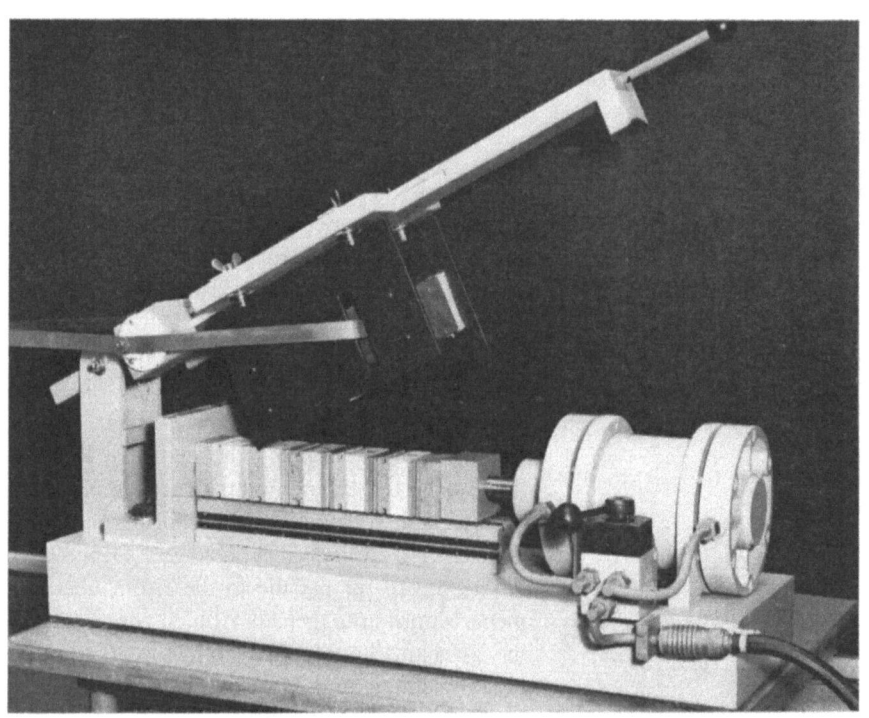
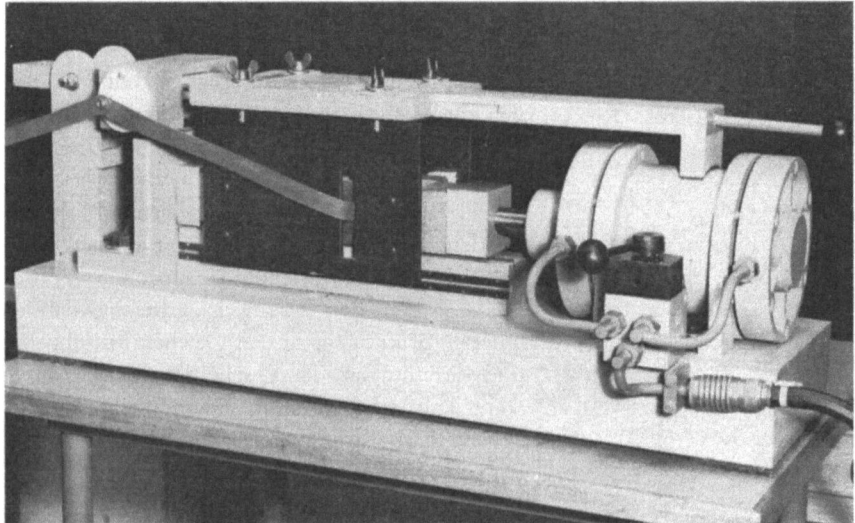

Abb. 2 Ansicht der Einspannvorrichtung zur raschen Verleimung der Querzugproben zwischen den Hartholzjochen mit Druckluftspannung und Hochfrequenzerhitzung nach R. Teichgräber
Oben: Vorrichtung geöffnet
Unten: Geschlossen mit heruntergeklappten Elektroden

nach etwa 1 min der Bruch eintritt. Berechnet wird die Zugfestigkeit σ_{BQ} quer zur Plattenebene in kp/cm² auf 0,1 kp/cm² genau. Im Prüfbericht sind die Plattenmittelwerte, der Gesamtmittelwert der Zugfestigkeit und dessen Vertrauensbereich sowie der Feuchtigkeitsgehalt u zum Zeitpunkt der Prüfung in % anzugeben.

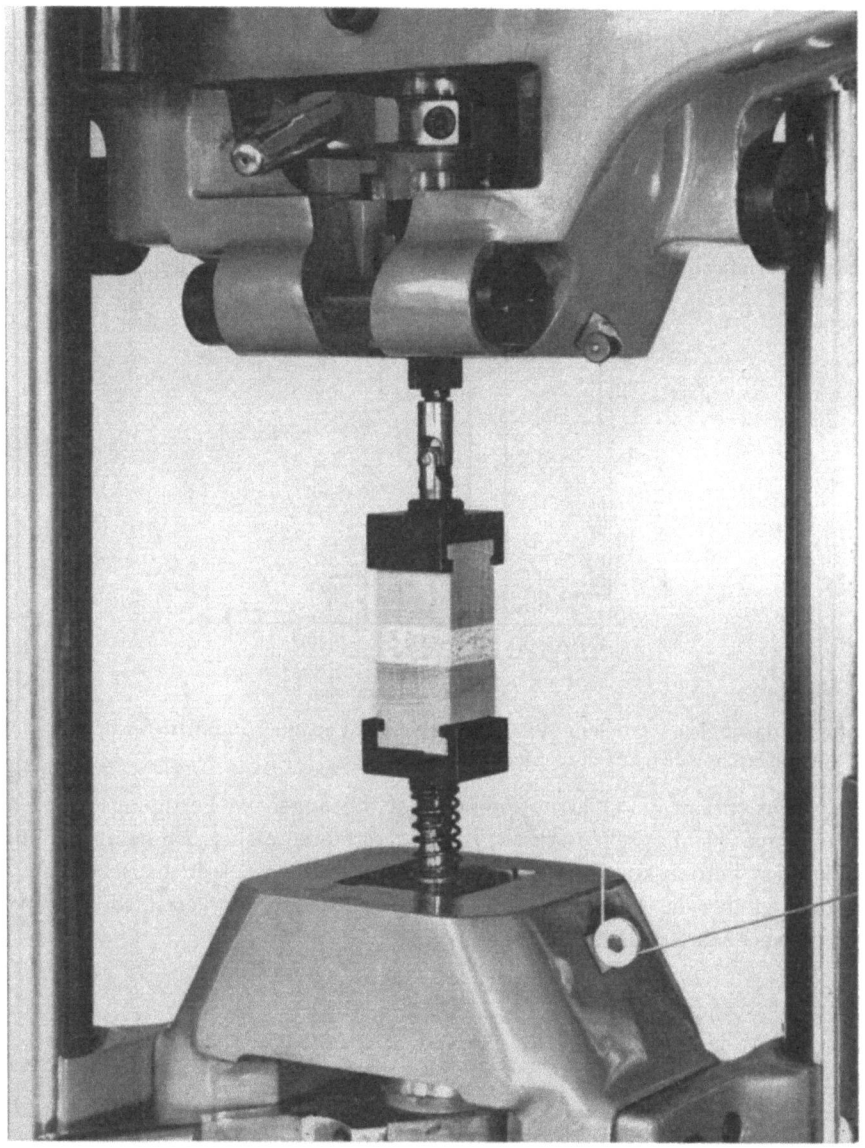

Abb. 3 Ansicht der Vorrichtung zur Durchführung des Querzugversuchs im Institut für Holzforschung und Holztechnik, München

2. Kritische Beurteilung des Querzugversuchs

a) Allgemeine Gesichtspunkte

Der Querzugversuch erfordert verhältnismäßig wenig Materialaufwand und ist einfach in Durchführung sowie Auswertung, wenngleich das Verleimen der Proben mit den Jochen etwas umständlich und zeitraubend ist. Bemerkenswert ist die starke Streuung der Ergebnisse (Abb. 4). Die Verteilung folgt dabei keiner Normalverteilung, so daß die Anwendung der für diese entwickelten statistischen Rechenverfahren nur mit gewissen Bedenken möglich ist.

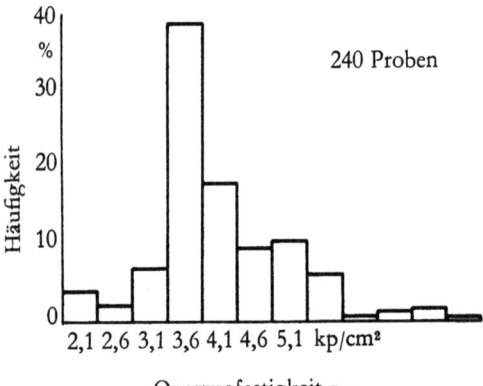

Abb. 4   Häufigkeitsverteilung der Querzugfestigkeit an einer Industrie-Spanplatte (Stichproben aus der laufenden Produktion)

Anderseits spricht die Querzugfestigkeit auf Störungen im Fertigungsgang der Spanplatten offenbar sehr stark an; das Prüfverfahren eignet sich damit gut zur wirksamen Betriebskontrolle. Es überrascht deshalb, daß systematische Untersuchungen über die Abhängigkeit der Querzugfestigkeit von verschiedenen Faktoren bisher sehr spärlich sind.

b) Einfluß der Rohdichte

Eine mehr oder minder enge Korrelation zur Rohdichte läßt sich allerdings feststellen. In Abb. 5 sind aus der Literatur, aus Industrieprüfungen sowie aus eigenen Messungen Werte der Querzugfestigkeit denen der Rohdichte zugeordnet. Man sieht, daß lineare Beziehungen bestehen, daß die Steigung der Geraden sehr verschieden groß ist und daß alle Geraden zusammen in einem ungewöhnlich aus-

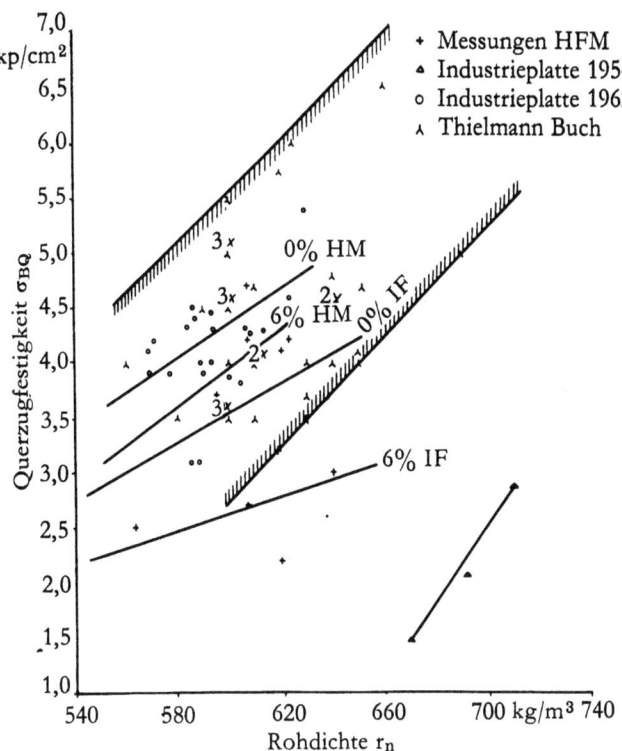

Abb. 5 Abhängigkeit der Querzugfestigkeit von der Rohdichte bei Spanplatten

gedehnten Streubereich liegen. Daraus muß der Schluß gezogen werden, daß die Querzugfestigkeit sich wohl sehr gut zu innerbetrieblichen Kontrollen eignet, d. h. zur Überwachung des einwandfreien Fertigungsablaufs, indem sie auf etwaige Fehler rasch anspricht, daß sie aber allein kaum zur allgemeinen Gütebeurteilung der Spanplatten herangezogen werden kann.

c) Einfluß des Preßdrucks

Die höhere Empfindlichkeit der Querzugfestigkeit als beispielsweise der Biegefestigkeit auf Veränderungen bei der Herstellung ergab sich auch bei japanischen Versuchen [3]. Die Abb. 6 zeigt, daß die Biegefestigkeit etwa linear mit der Rohdichte ansteigt. Ein Einfluß der Preßzeit konnte nicht festgestellt werden. Lediglich eine Preßzeit von 10 min erwies sich als ungeeignet, da die Platten in der Mitte aufspalteten. Daraus ließ sich schließen, daß bei dieser kurzen Preßzeit vor allem die Scher- und Querzugfestigkeit ungenügend ausgebildet wird. Dies bestätigte sich bei der Prüfung der Versuchsplatten im Querzugversuch. Die Abb. 7 läßt erkennen, daß auch die Querzugfestigkeit, im großen betrachtet, etwa verhältnisgleich zur Rohdichte ansteigt, daß der Einfluß der Preßzeit allgemein bemerkbar ist und daß bei nur 10 min Preßzeit die Querzugfestigkeit unzureichend war.

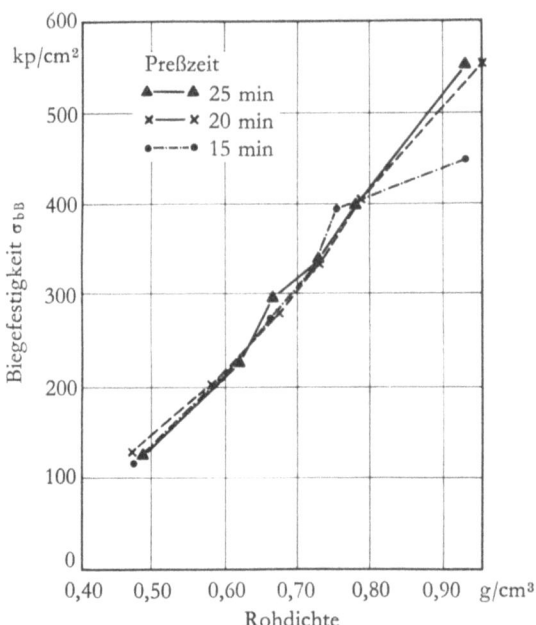

Abb. 6 Abhängigkeit der Biegefestigkeit von der Rohdichte bei Labor-Spanplatten nach T. SHINIZU und K. OGANE

d) Einfluß der Spanabmessungen

Die Abmessungen der Späne müssen die physikalischen und insbesondere die mechanischen Eigenschaften der Spanplatten erheblich beeinflussen. Die Festigkeit einer Spanplatte hängt von zwei Faktoren ab:
1. dem Grad der Verfilzung, d. h. Verschlingung der Späne,
2. dem Ausmaß der Verklebung der einzelnen Späne miteinander.

Eine Verfilzung ist offenbar nur möglich, wenn die Späne in etwa haar- oder fadenförmig sind, d. h. wenn sie bei ausreichender Länge eine nicht zu große Dicke haben. Weiter darf die Steifigkeit der einzelnen Späne nicht zu groß sein, da die Verfilzbarkeit Geschmeidigkeit voraussetzt. Der von W. KLAUDITZ [4] eingeführte Formfaktor f trägt diesen Tatsachen empirisch Rechnung.

$$f = \frac{l}{s \cdot r} \quad (1)$$

wobei:

l = Teilchenlänge [mm]
s = Teilchendicke [mm]
r = Rohdichte des Holzes [g/cm³]

Dieser Formfaktor kann im praktischen Arbeitsbereich der Spanplattenher-

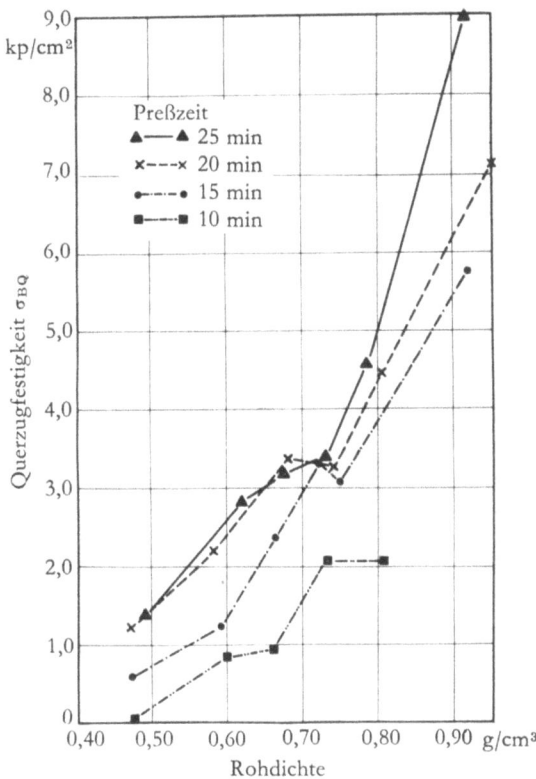

Abb. 7   Abhängigkeit der Querzugfestigkeit von der Rohdichte bei Labor-Spanplatten nach T. SHINIZU und K. OGANE

stellung höchstens etwa den Wert 200 erreichen; der wirtschaftliche Bereich liegt zwischen 50 und 150. Unter sonst gleichen Bedingungen steigt beispielsweise die Biegefestigkeit ziemlich genau proportional dem Formfaktor bis zu $f \approx 150$ an; von da an bleibt sie etwa konstant. Von besonderer Wichtigkeit ist es, daß möglichst viele unbeschädigte Fasern in den Holzspänen vorhanden sind [5]. Auch die Querzugfestigkeit der Spanplatten als Maß für die Kohäsion und den Widerstand gegen Aufblättern hängt nach W. KLAUDITZ [6] von Form, Größe und Anordnung der Späne und ihrer Rohdichte ab. Allerdings wird man hier einen weit geringeren Einfluß des Formfaktors erwarten können als bei der Biegefestigkeit, und zwar aus folgendem Grund: Die Querzugfestigkeit hängt hauptsächlich von der flächigen Verleimung der Späne miteinander ab. Da die Späne beim Einstreuen sich zwar mit ihren flachen Seiten vorzugsweise parallel zum Formblech, aber mit ihren Längsachsen statistisch ungeordnet legen, läßt sich schließen, daß die Zahl der Kreuzstellen von Spänen (an denen es zu einer flächigen Verleimung kommt) mit abnehmender Spanlänge bei sonst gleichen Bedingungen zunimmt, da sich die Spänezahl je Raumeinheit mit abnehmender Länge proportional

15

vergrößert. Man kann deshalb erwarten, daß die Spanabmessungen auf die Querzugfestigkeit nur einen geringen Einfluß haben.

Es läßt sich nachweisen, daß zwischen der Querzugfestigkeit und der Schraubenhaltekraft eine gute Korrelation besteht. Nur einen kleinen Einfluß haben die Spanabmessungen nach P. W. KOST [7] auf den Schraubenausziehwiderstand, wenn überhaupt einen. Wiederholt allerdings wurde die Ansicht vertreten, daß die Querzugfestigkeit schon durch einen verhältnismäßig kleinen Anteil von Feingut erheblich herabgesetzt wird. Die Ursache wurde darin gesehen, daß Staub und Feingut bei der Spänebeleimung viel Bindemittel absorbieren [8].

Staub und Feingut wurden deshalb mit großer Sorgfalt durch Sieben und Sichten entfernt und als Abfall behandelt. Vom Standpunkt der Betriebswirtschaftlichkeit aus erhob sich aber die Frage, ob die Querzugfestigkeit als Güteweiser wirklich schon durch einen kleinen Anteil von Staub und Feingut verringert wird oder ob es Grenzwerte gibt, bis zu denen ein Feingutanteil unbedenklich ist. Die im folgenden beschriebenen Versuche sollten darüber Aufschluß geben.

3. Versuche zur Ermittlung der Abhängigkeit der Querzugfestigkeit vom Feingutanteil

a) Herstellung von Versuchsplatten

Die Herstellung von Spanplatten mit reproduzierbaren Eigenschaften ist auch im Laboratorium nicht einfach.
Als Rohstoff stand Fichtenrundholz mit 10–15 cm Durchmesser zur Verfügung. Da das Holz bereits 2 Jahre in einem geschlossenen Raum gelagert war, wurde es vor der Zerspanung in einer Vakuum-Drucktränkanlage mit Wasser vorbehandelt, so daß sich eine mittlere Holzfeuchtigkeit von 60 bis 80% (bezogen auf das Darrgewicht) einstellte.
Bei einem Vorversuch wurden Holzspanplatten mit Schilfbeimengung erzeugt. Das Holz wurde dabei mit einem Rottmann-Messerwellenzerspaner zerspant, das Spangut in einer Alpine-Hammermühle nachgemahlen. Die Späne wurden dann an der freien Luft im Laboratorium auf 12–15% Holzfeuchtigkeit getrocknet. Nach Bestimmung ihrer genauen Feuchtigkeit an Stichproben mit dem Darrverfahren wurden die Späne künstlich auf 11% bei 105°C getrocknet. Staub und Feingut (zwischen 1,5 und 3,5 Gewichtsprozent) wurden mit einer Vibrations-Siebmaschine abgeschieden. Das Schilfrohr, ein Abfallerzeugnis der Rohrmattenherstellung, wurde zunächst auf einer Alpine-Hammermühle zerkleinert und dann auf einer Condux-Schlagkreuzmühle nachgemahlen. Hierauf wurde das Gut auf der Vibrations-Siebmaschine entstaubt.
Zum Beleimen stand eine verbesserte Drais-Labormischmaschine zur Verfügung, bei welcher der Leim unter Druck in einem graduierten Glasgefäß in die Schlicksche Wirbelstromdüse gepreßt und mit Druckluft von 2 at zerstäubt wird. Leimansatz, Druck- und Verweilzeiten im Mischer wurden bei allen zu vergleichenden Versuchen sorgfältig konstant gehalten. Als Leim wurde Harnstoff-Formaldehydharzleim (Kaurit 285) mit Heißhärter (Nr. 40) benutzt. Bei den Spanplatten mit Schilfzusatz wurde 8% Festharz, bezogen auf atro Späne, verwendet.
Hier ist zu bemerken, daß die absolute Festlegung des Festharzgehalts der fertigen Spanplatten mit einem Unsicherheitsfaktor behaftet ist, da in den benutzten Gefäßen, Schläuchen und im Mischer unterschiedliche Mengen von Leim und Gemisch aus Leim und Spangut, insbesondere, wenn es Feingut enthält, zurückgehalten werden. Das beleimte Gut wurde sorgfältig nach Gewicht in den Schüttrahmen schichtweise eingebracht. Dabei wurde die Gleichmäßigkeit der Schüttung mit Stufenrechen verbessert. Der Spankuchen wurde dann mit einem Druck von 0,85 kp/cm² vorgepreßt und auf die Preßbleche gelegt. Die Pressung erfolgte in einer hydraulischen Zwei-Etagen-Heizpresse bei 135°C. Die Schließzeit der Presse betrug bei allen Versuchen 32–38 sec, die Preßzeit 12 min. Aus den Spanplatten mit Schilfanteil bis zu 100% wurden dann die Proben für den Quer-

zugversuch nach DIN 52365 herausgeschnitten und, wie vorher beschrieben, geprüft. Es ergab sich die in Abb. 8 gezeigte Abhängigkeit der Querzugfestigkeit vom Schilfanteil [9]. Trotz erheblicher Streuungen ist die abfallende Tendenz der Querzugfestigkeit mit steigendem Schilfanteil unverkennbar. Dieses Ergebnis der Vorversuche ermutigte nun, den schwieriger zu erfassenden Feingutanteil in seiner Wirkung auf die Querzugfestigkeit zu untersuchen.

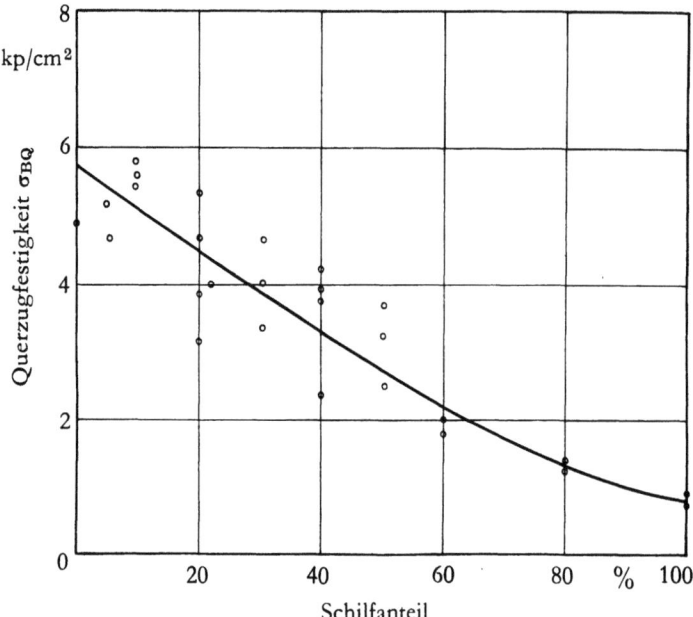

Abb. 8   Abhängigkeit der Querzugfestigkeit vom Schilfanteil bei Labor-Spanplatten

Die Herstellungstechnik der Versuchsplatten war dabei im wesentlichen die gleiche wie bei den mit Schilf versetzten Spanplatten. Zur Zerspanung des Rohholzes wurde allerdings ein Bezner-Flachscheibenzerspaner benutzt. Bei den Platten mit Beigabe von Industrie-Feingut betrug die Spanfeuchtigkeit vor der Beleimung 4%, bei jenen mit Holzmehlzusatz 6%. Der Leimzusatz betrug 6 bzw. 6,3% Trockenharz.

b) Beurteilung des Feinguts

Eine klare Begriffsdefinition für Feingut unter Abgrenzung von Feingut gegen Staub gibt es noch nicht. In der Spanplattenindustrie wird sehr verschiedenartiges Material als Feingut bezeichnet. Von entscheidender Bedeutung für die Entstehung des Feinguts ist zunächst der Feuchtigkeitsgehalt des Rohholzes vor dem Zerspanen. Während einige Spanplattenwerke noch großen Wert auf hohe Feuchtigkeit (50–60%) legen, zerspanen andere auch luftgetrocknetes Holz. In

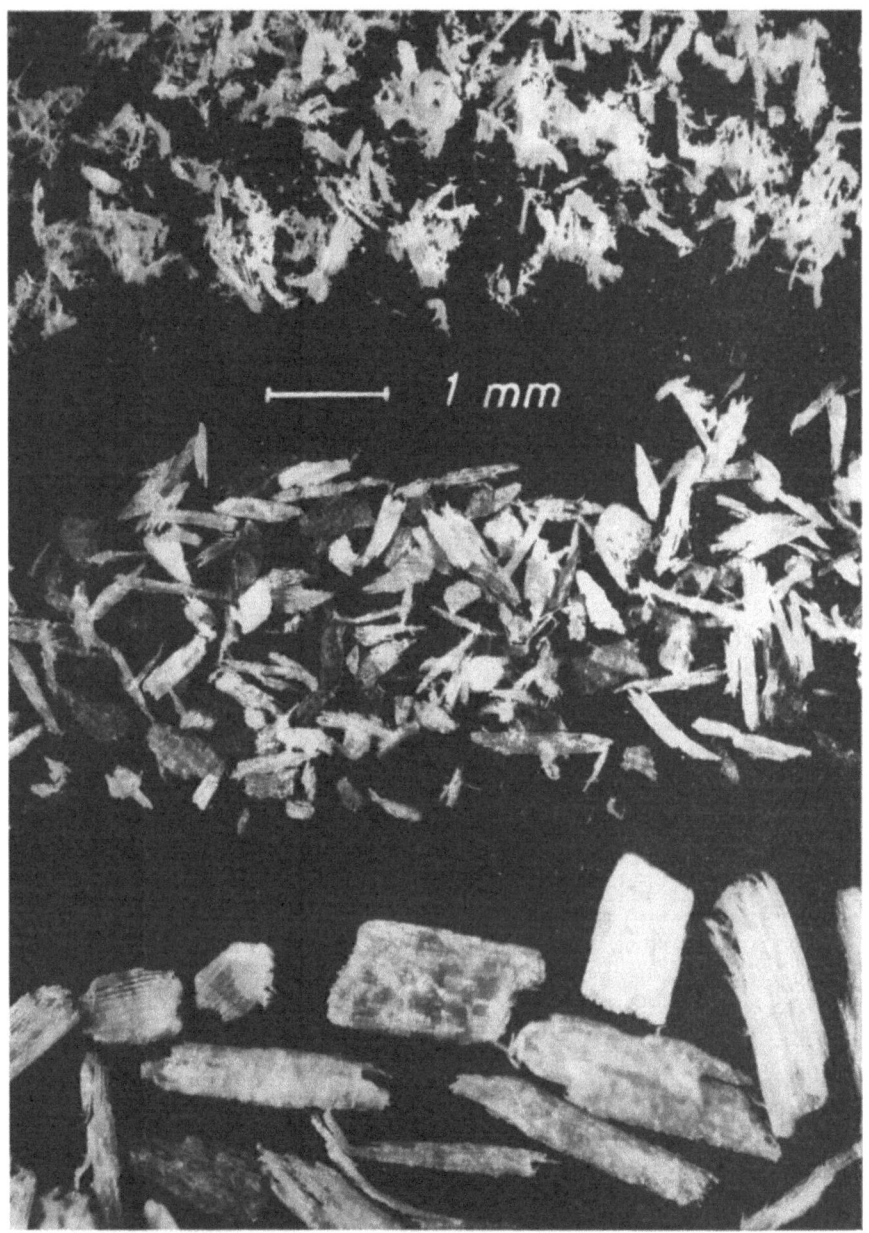

Abb. 9 Mikroaufnahmen verschiedenen Feinguts
        Oben: Holzmehl
        Mitte: Industriefeingut S
        Unten: Industriefeingut M

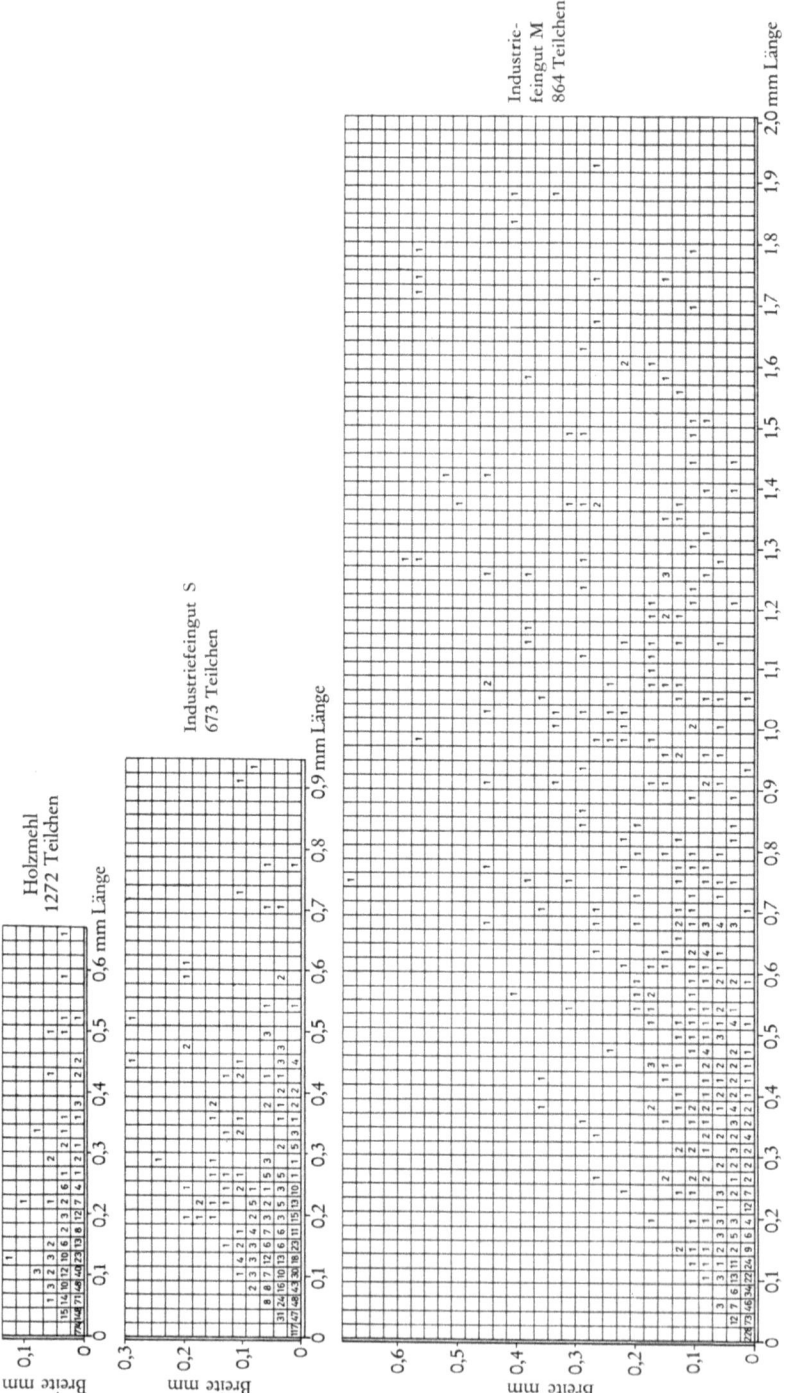

Abb. 10 Zahlenmäßiges Ergebnis der Korngrößenanalysen an dem in Abb. 9 gezeigten Holzmehl Industriefeingut S und Industriefeingut M

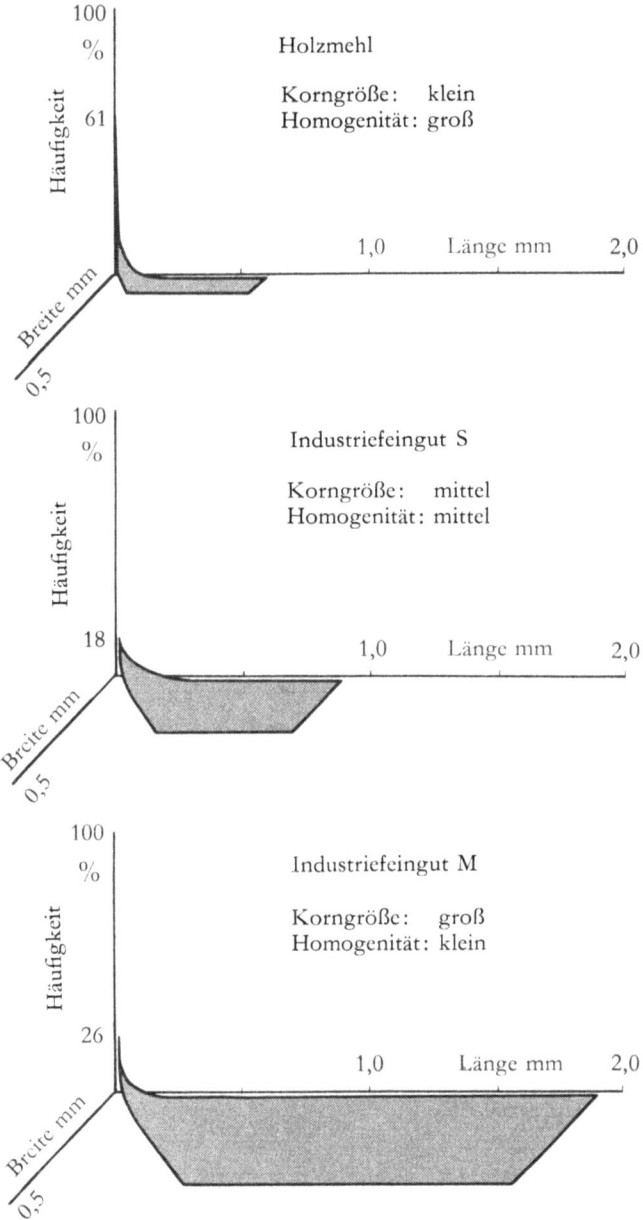

Abb. 11 Flächenmäßige Darstellung der Ergebnisse von Abb. 10

diesem Falle bilden sich mehr feine, splitterförmige Späne als bei der Verarbeitung des gut feuchten Holzes. Weiter beeinflussen der Typ der Zerspaner und die Schärfe der Spanermesser den Feingutanteil. Formbeschaffenheit und Menge des ausgesonderten Feinguts hängen dann von der Art der Klassifizierung ab. Sieben der Späne nach ihrer Trocknung ist als besonders gutes Verfahren bekannt und weit verbreitet. Sichtung im Luftstrom gibt die Möglichkeit, die Fraktionen schärfer zu trennen.

Wie unterschiedlich das Feingut der Industrie in seiner Formbeschaffenheit sein kann, zeigt Abb. 9. Unten sieht man schuppen- und plattenförmiges, verhältnismäßig grobes Feingut, wie es in zwei größeren Spanplattenwerken ausgesondert wurde; in der Mitte ist ein feineres, splitter- und stiftförmiges Feingut aus einem anderen Betrieb gezeigt, der lufttrockenes Rohholz zerspant. Um bei den vorgenommenen Versuchen den Einblick zu vertiefen, wurde auch Holzmehl (Abb. 9 oben) als Feingut einbezogen, wie es fabrikmäßig hergestellt wird. Bei Holzmehl handelt es sich um besonders feine Holzteilchen, die mit Schlagkreuzmühlen oder Kühlstrommühlen erzeugt werden. Feine Holzmehle werden vorwiegend als Füllmittel für Kunstharzpreßmassen eingesetzt. Die oberen Korngrenzen der verwendeten Mehle liegen zwischen 0,12 und 0,2 mm [10]. Wichtig ist, daß bei Holzmehlen eine Vielfalt von Kornformen vom kubischen Granulat bis zur langgestreckten feinen Faser anzutreffen ist.

Eine Beschreibung der Korneigenschaften von Feingut aus Spanplattenwerken, aber auch von Holzmehl zum Vergleich ist am besten durch eine Korngrößenanalyse möglich. Benutzt wurde bei den sehr zeitraubenden Messungen von Länge und Breite der Späne oder Körner in den einzelnen Feingutgemischen bzw. im Holzmehl ein Projektions-Tischmikroskop der Firma Carl Zeiss. Die Ergebnisse sind vergleichend für ein grobes und feines Industriefeingut sowie für das Holzmehl in Abb. 10 zahlenmäßig dargestellt. Die Abb. 11 stellt den Versuch dar, die Eigenschaften des Feinguts bzw. Holzmehls durch eine idealisierte Fläche darzustellen, wobei der Abfall der Fläche von ihrem Gipfelpunkt und ihre horizontale Erstreckung die Homogenität bzw. Inhomogenität des Gutes qualitativ darstellen.

c) Leimaufnahme durch Späne und Feingut

Die im Schrifttum enthaltene, schon erwähnte Angabe [8], daß Feingut viel Bindemittel absorbiert, wurde nachgeprüft. Gleichzeitig wurde festgestellt, wieviel Bindemittel im Mischer verbleibt. Zur Untersuchung wurde eine genau abgewogene Menge Spangut (aus astfreiem Fichtenrundholz mittels des Bezner-Flachscheiben-Zerspaners hergestellt, Spandicke 0,4 mm) mit 10% Feingut (Maschenweite 0,5×0,5 mm, Drahtdicke 0,2 mm, Siebwinkel 18°) vermischt. Beleimt wurde wieder mit Harnstoff-Formaldehydharzleim (Kaurit 285), und zwar mit 8% Trockenharz auf atro Späne.

Nachdem unter den bei allen vorangegangenen Versuchen üblichen Bedingungen beleimt und gemischt war, wurde die ausgeschüttete Spanmenge wieder genau gewogen. Der Rückstand im Mischer wurde als Unterschied zwischen Aufgabe- und Abgabegewicht bestimmt.

Nach dem Aussieben des beleimten Feinguts wurde in den zwei Chargen (Spangut und Feingut) der N-Gehalt nach dem Kjeldal-Verfahren (Aufschluß durch

Selen-Reaktionsgemisch + H_2SO_4) bestimmt und daraus der Bindemittelgehalt berechnet. Es ergaben sich die in Tab. 1 enthaltenen Werte.

Tab. 1 Bindemittelgehalt im Spangut und Feingut

Versuch Nr.	Bindemittelgehalt % auf atro Späne	
	Spangut	Feingut
1	3,4	22,4
2	3,1	29,0

Auf den ersten Blick hin mag dieses Ergebnis fast unwahrscheinlich wirken; tatsächlich aber hat der zweite Versuch, der völlig unabhängig vom ersten durchgeführt wurde, diesen einwandfrei bestätigt. Eine Rückfrage bei einem großen Spanplattenwerk ergab, daß es ähnliche Zahlen festgestellt hat. Es kann also keinem Zweifel unterliegen, daß vom Feingut unverhältnismäßig viel Bindemittel absorbiert wird. Die im folgenden nachgewiesene verhältnismäßig geringfügige Abnahme der Querzugfestigkeit bei nicht zu hohem Feingutanteil läßt sich bei diesem Sachverhalt dadurch erklären, daß bis zu einem gewissen Grad das mit Bindemittel stark angereicherte Feingut als kittartiger Kleber in den Platten wirkt; freilich ist die Verkittung sicher schlechter als die flächige Verleimung von Spänen. Ein zu hoher Feingutanteil muß deshalb eindeutig schädlich wirken. Wieder stellte sich damit die Frage nach den zulässigen Grenzwerten des Feingutanteils.

d) Querzugfestigkeitsversuche an Platten mit verschiedenem Feingutanteil

In einer ersten Versuchsreihe wurden Spanplatten, wie eingangs geschildert, aus selbst erzeugten, nachgemahlenen und entstaubten Schneidspänen unter Zusatz von 0, 2, 4, 6, 8 und 10 Gewichtsprozent Feingut (aus der Industrie, feinstiftig, Abb. 9, mittlerer Teil) erzeugt. Je Feingutklasse wurden jeweils 22–24 Proben geprüft, also je Untersuchungsreihe etwa $6 \times 24 = 144$ Proben. Die Querzugfestigkeitswerte sind für die einzelnen Feingutklassen über der Rohdichte der Platten, die naturgemäß streute, aufgetragen. Durch die Streufelder der Punkte wurden nach der Methode der kleinsten Fehlerquadrate Ausgleichsgerade gelegt (Abb. 12–17). Bei einer zweiten Versuchsreihe wurde, um die Verhältnisse besonders scharf herauszuarbeiten, Holzmehl (Abb. 9, oben) in Mengen von 0 bis 12 Gewichtsprozent zugesetzt. Die Auswertung erfolgte in der gleichen Weise, die Ergebnisse sind in den Abb. 18–24 dargestellt.
In der Folge wurde eine mathematisch-statistische Überprüfung vorgenommen. Ihre Ergebnisse sind in Tab. 2 enthalten.
Man sieht, daß die Abweichungen der Querzugfestigkeit nach unten bei Zusatz von Feingut gegenüber den Werten für feingut- und staubfreie Spanplatten bei Beimischung des Industrie-Feinguts ab 4% gesichert waren (95%), daß aber eine

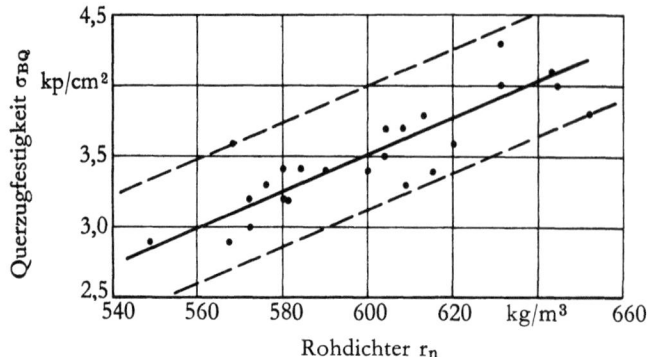

Abb. 12 Abhängigkeit der Querzugfestigkeit von der Rohdichte bei 0% Feingutanteil

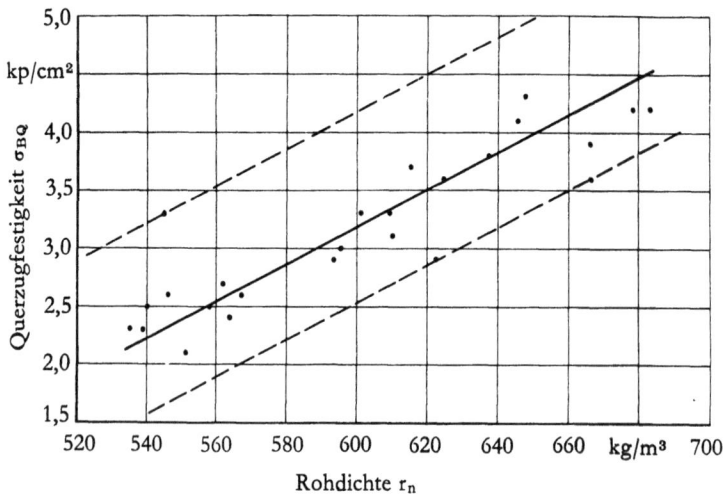

Abb. 13 Abhängigkeit der Querzugfestigkeit von der Rohdichte bei 2% Feingutanteil (Industriefeingut S)

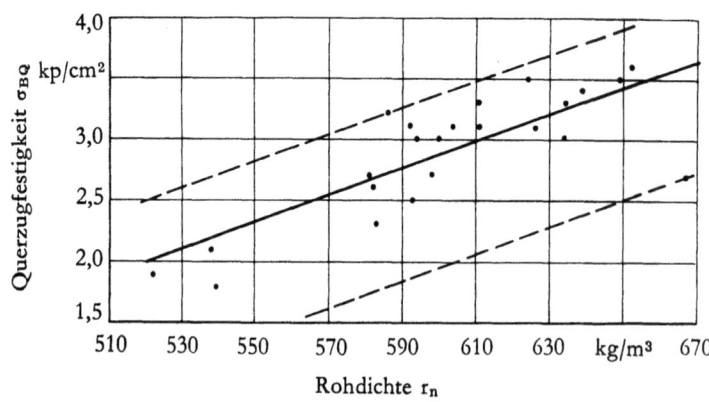

Abb. 14 Abhängigkeit der Querzugfestigkeit von der Rohdichte bei 4% Feingutanteil (Industriefeingut S)

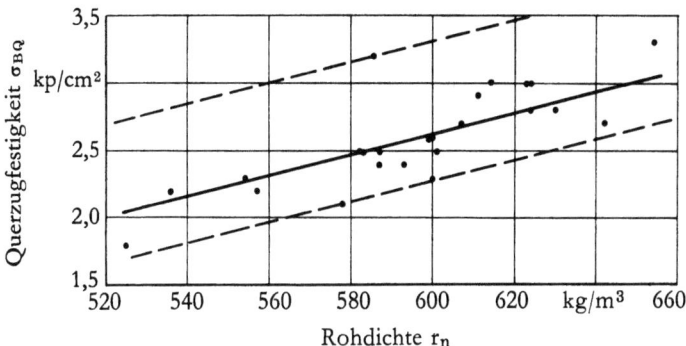

Abb. 15 Abhängigkeit der Querzugfestigkeit von der Rohdichte bei 6% Feingutanteil (Industriefeingut S)

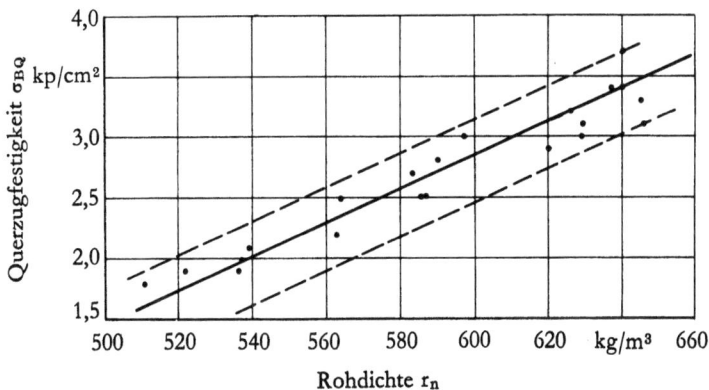

Abb. 16 Abhängigkeit der Querzugfestigkeit von der Rohdichte bei 8% Feingutanteil (Industriefeingut S)

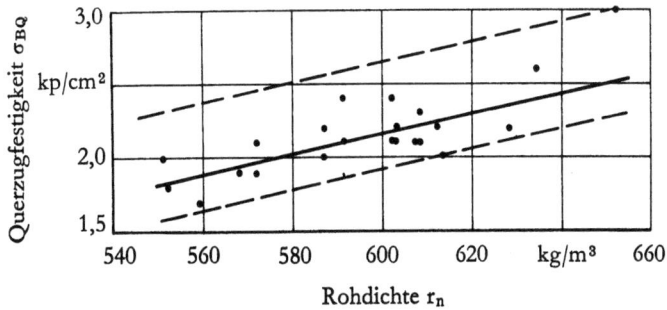

Abb. 17 Abhängigkeit der Querzugfestigkeit von der Rohdichte bei 10% Feingutanteil (Industriefeingut S)

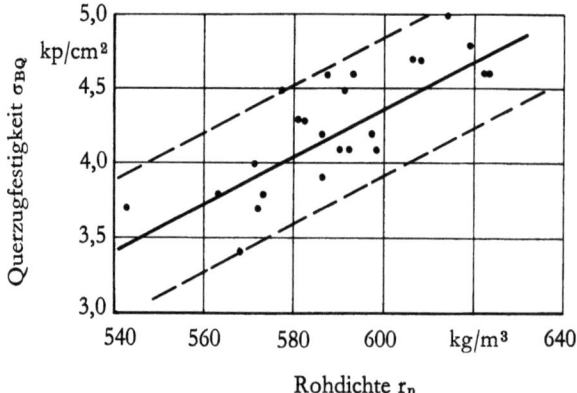

Abb. 18 Abhängigkeit der Querzugfestigkeit von der Rohdichte bei 0% Feingutanteil (Holzmehl)

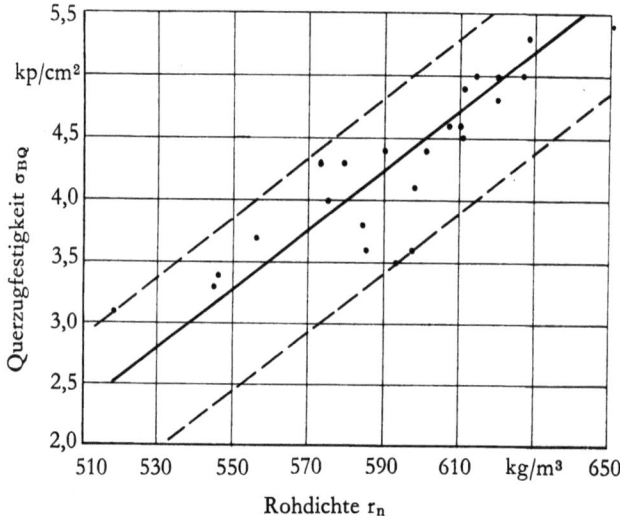

Abb. 19 Abhängigkeit der Querzugfestigkeit von der Rohdichte bei 2% Feingutanteil (Holzmehl)

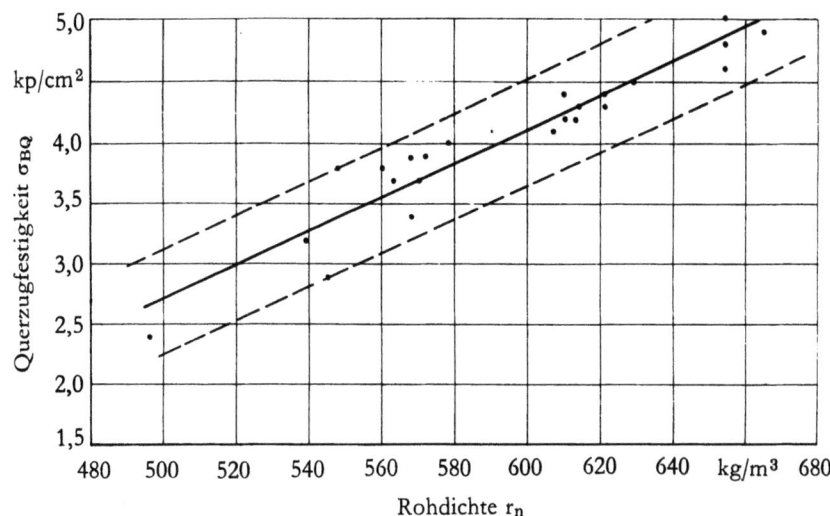

Abb. 20 Abhängigkeit der Querzugfestigkeit von der Rohdichte bei 4% Feingutanteil (Holzmehl)

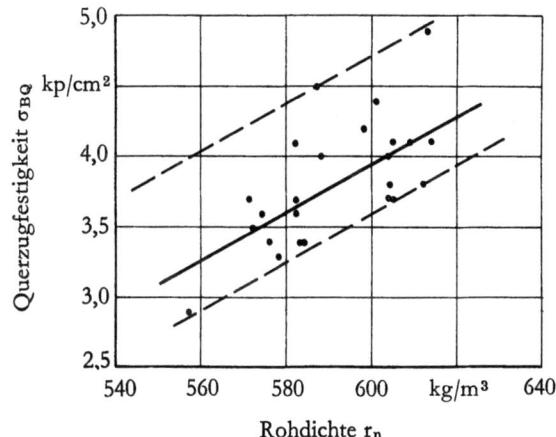

Abb. 21 Abhängigkeit der Querzugfestigkeit von der Rohdichte bei 6% Feingutanteil (Holzmehl)

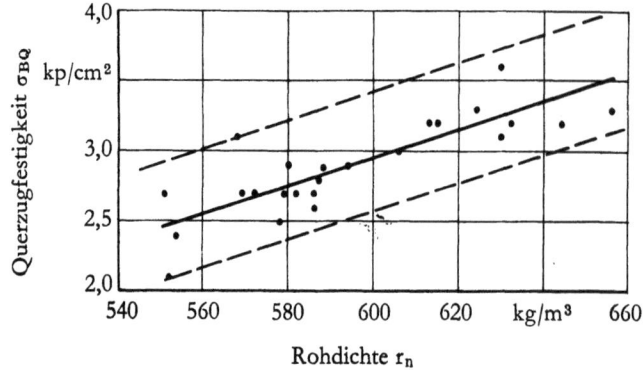

Abb. 22 Abhängigkeit der Querzugfestigkeit von der Rohdichte bei 8% Feingutanteil (Holzmehl)

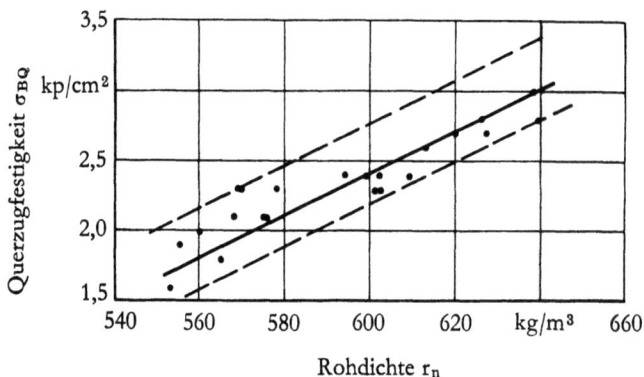

Abb. 23 Abhängigkeit der Querzugfestigkeit von der Rohdichte bei 10% Feingutanteil (Holzmehl)

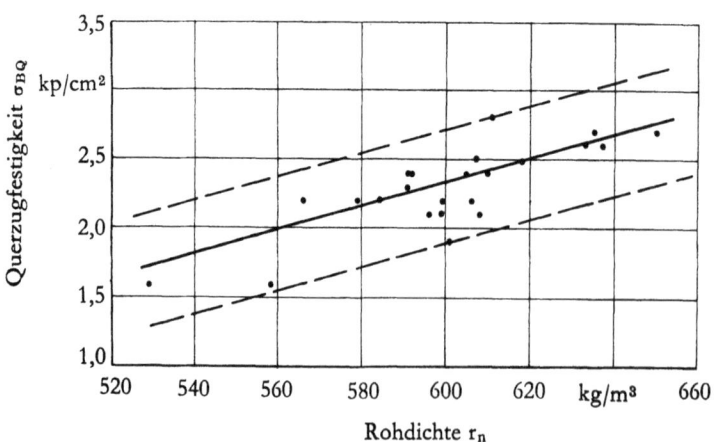

Abb. 24 Abhängigkeit der Querzugfestigkeit von der Rohdichte bei 12% Feingutanteil (Holzmehl)

Tab. 2 Abhängigkeit der Querzugfestigkeit vom Feingutanteil mit Streuung und Variationskoeffizient

Feingutanteil		0%		2%		4%		6%		8%		10%		12%	
		61	62	61	62	61	62	61	62	61	62	61	62	61	62
Rohdichte [kg/m³]		600	589	602	594	604	592	596	591	604	595	600	590	–	600
Querzugfestigkeit [kp/cm²]	mittlere	3,5	4,2	3,2	4,3	2,9	4,0	2,6	4,2	2,9	2,9	2,2	2,3	–	2,3
	maximale	4,3	5,0	4,3	5,4	3,6	5,0	3,3	4,9	4,3	3,6	3,0	3,0	–	2,8
	minimale	2,9	3,4	2,1	3,1	1,8	2,4	1,8	2,9	1,8	2,1	1,7	1,6	–	1,6
Probenzahl		24	24	24	24	24	23	24	24	24	24	22	22	–	24
Streuung		13,7	17,6	48,3	44,1	25,2	39,6	20,1	34,6	51,0	11,4	7,9	12,4	–	9,5
Variationskoeffizient [%]		10,7	10,0	21,7	15,4	17,3	15,7	17,3	14,0	24,6	11,6	12,8	15,3	–	13,4
nach t-Verteilung		–	–	ng	ng	g	ng	g	ng	g	g	g	g	–	g

Bemerkung: 61 = Zusatz von Industrie-Feingut S
62 = Zusatz von Holzmehl
ng = nicht gesichert
g = gesichert

gleiche Sicherung bei Beigabe von Holzmehl erst oberhalb von 6% eintrat. Das feinerkörnige Feingut erwies sich also bis zu einem gewissen Grad als weniger schädlich für die Festigkeitsausbildung. Eine Erklärung dafür gibt wieder die Hypothese, daß das Feingut mit dem stark absorbierten Bindemittel eine Art Kitt liefert; Holzmehl + Leim muß einen besseren Kitt ergeben als Holzsplitter + Leim. Die Verträglichkeit von Holzmehl mit Leim wurde auch dadurch schon nachgewiesen, daß Holzmehl neben pflanzlichen Mehlen sehr verschiedener Art zum Füllen von Kunstharzleimen verwendet wird. Es wurde bereits darauf hingewiesen, daß die flächige Verleimung von Holzspänen festere Verbindungen liefert als ihre Verkittung. Daraus erklärt es sich, daß oberhalb eines gewissen Feingutanteils rasch eine Abnahme der Kohäsion und damit der Querzugfestigkeit auftritt. Das allgemein für idealisierte Spanplatten zugrunde liegende Gesetz für die Abhängigkeit der Querzugfestigkeit vom Feingutanteil läßt sich wie folgt ableiten:

Für die einzelnen Feingutklassen wird aus den Regressionsgeraden für die normale Rohdichte $r_n = 600$ kg/m³ der zugeordnete Wert der Querzugfestigkeit σ_{BQ} kp/cm² entnommen. Trägt man die so abgreifbaren Punkte über den Feingutanteilen auf, so lassen sie sich, wie man sieht (Abb. 25), durch S-förmige Kurven gut ausgleichen, die besagen, daß unabhängig von der Art des Feinguts bei geringem Feingutanteil ein nur schwacher Abfall der Querzugfestigkeit, dann bei steigendem Feingutanteil ein zunächst stärkerer, dann wieder schwächerer Ab-

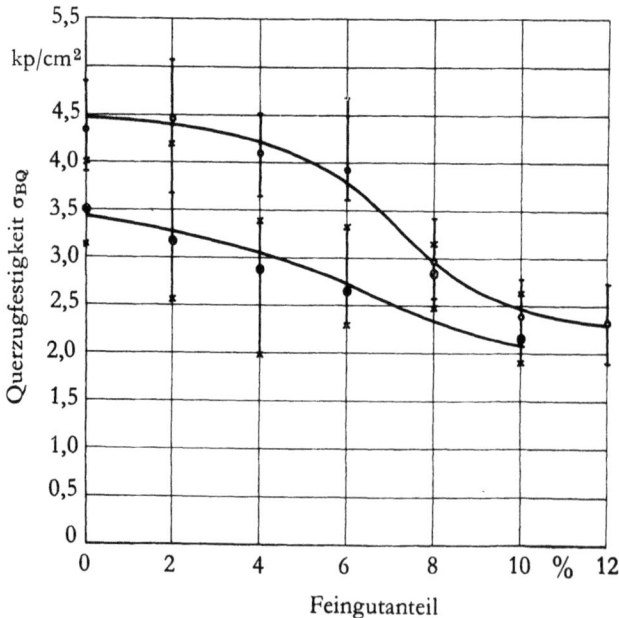

Abb. 25 Abhängigkeit der Querzugfestigkeit vom Feingutanteil (obere Kurve: Holzmehl, untere Kurve: Industriefeingut S) für idealisierte Labor-Spanplatten mit der Rohdichte $r_n = 600$ kg/m³

fall auftritt. In den Abb. 12–24 sind zu den berechneten Regressionsgeraden noch Begrenzungsgerade für die zu erwartenden Streuungen eingetragen. Trägt man die dadurch bedingten Mindest- und Höchstwerte für die normale Rohdichte $r_n = 600$ kg/m³ über den einzelnen Feingutklassen in Abb. 25 auf, dann erkennt man, daß die idealisierten S-Kurven für die Praxis infolge der großen Streuung der Querzugfestigkeiten nur beschränkte Aussagekraft haben.

Zusammengefaßt läßt sich folgendes feststellen:

Die großen und unvermeidlichen Streuungen der Querzugfestigkeit sowie die Kittwirkung des mit Leim angereicherten Feinguts lassen einen Zusatz von bis zu 6% Feingut, bezogen auf das staubfreie Spangewicht, vom Standpunkt der Kohäsion und Plattenqualität aus gesehen, unbedenklich erscheinen; vom Standpunkt der Betriebs- und Rohstoffwirtschaftlichkeit aus ist dieser Zusatz sehr erwünscht.

Prof. Dr.-Ing. Franz Kollmann
Dr. Reinwald Teichgräber

4. Literaturverzeichnis

[1] PLATH, E., Gütebedingungen für Holzspanplatten: Betrachtungen zum »Stand der Holzspanplatten-Technik«, Forsch. Inst. f. Holzwerkstoffe u. Holzleime, Karlsruhe, Techn. Mitt. Nr. 2/58.

[2] DOSOUDIL, A., Prüfverfahren für Holzfaser- und Holzspanplatten. Kurze Übersicht mit Diskussionsvorschlägen, Holz als Roh- und Werkstoff, Bd. 12 (1954), S. 55–64. – Ders., Proposals for Standard Tests for Chipboard, Conference Document Third Conference on Wood Technology, Paris, 17...26 May 1954, FAO Forestry Development Paper No. 7, Rome, Feb. 1955, p. 22.

[3] SHIMIZU, T., und K. OGANE, On the Properties of Chipboard Affected by Hotpress-Time and Specific Gravity in its Production, J. Japan Wood Res. Soc., Bd. 3 (1957), Nr. 1, S. 6.

[4] KLAUDITZ, W., Untersuchungen über die Eignung von verschiedenen Holzarten, insbesondere Rotbuchenholz, zur Herstellung von Holzspanplatten, Bericht 25/52 des Instituts für Holzforschung, Braunschweig (1952).

[5] TURNER, H. D., Effect of Particle Size and Shape on Strength and Dimensional Stability of Resin-Bonded Wood Particle Panels, J. For. Prod. Res. Soc., Bd. 4 (1954), S. 210–223.

[6] KLAUDITZ, W., The Principles of Particle Board Manufacture, FAO/ECE/Board Cons./Paper 5,26, International Consultation on Insulation Board, Hardboard and Particle Board, Geneva 1957.

[7] KOST, P. W., Mechanical and Dimensional Properties of Flake Board, For. Prod. J., Bd. 11 (1961), S. 34–37.

[8] SCHNITZLER, E., Particle Preparation and Drying in the Manufacture of Particle Boards, FAO/ECE/Board Cons./Paper 2.59, International Consultation on Insulation Board, Hardboard and Particle Board, Geneva 1957.

[9] KOLLMANN, F., Das Institut für Holzforschung und Holztechnik der Universität München, Holz-Zbl., Bd. 87 (1961), S. 2367–2372.

[10] BEUSHAUSEN, W., Die Aufbereitung von Holz und Holzabfällen durch Zerkleinerung und Windsichtung, Holz als Roh- und Werkstoff, Bd. 13 (1955), S. 121–130.

FORSCHUNGSBERICHTE
DES LANDES NORDRHEIN-WESTFALEN

Herausgegeben im Auftrage des Ministerpräsidenten Dr. Franz Meyers
von Staatssekretär Prof. Dr. h. c. Dr.-Ing. E. h. Leo Brandt

HOLZBEARBEITUNG

HEFT 231
Oberregierungsrat Dr.-Ing. W. Küch, Deutsche Gesellschaft für Holzforschung e. V., Stuttgart
Über die Wechselwirkung zwischen Holzschutzbehandlung und Verleimung
    1956. 38 Seiten, 10 Abb., 8 Tabellen. DM 10,40

HEFT 905
Prof. Dr.-Ing. Franz Kollmann, Institut für Holzforschung und Holztechnik der Universität München
Untersuchung der wichtigeren Gebrauchseigenschaften von kunstharzbeschichteten Holzfaser- und Holzspanplatten
    1960. 102 Seiten, 38 Abb., 12 Tabellen. DM 30,40

HEFT 1043
Prof. Dr.-Ing. Franz Kollmann, Institut für Holzforschung und Holztechnik der Universität München
Untersuchungen über den Abnutzungswiderstand von Holz, Holzwerkstoffen und Fußbodenbelägen
    1961. 82 Seiten, 45 Abb., 1 Tabelle. DM 29,80

HEFT 1053
Dr.-Ing. Eberhard Meinecke und Dr.-Ing. Wilhelm Klauditz, Institut für Holzforschung an der Technischen Hochschule Braunschweig
Über die physikalischen und technischen Vorgänge bei der Beleimung und Verleimung von Holzspänen bei der Herstellung von Holzspanplatten
    1962. 120 Seiten, 44 Abb., 4 Tabellen, DM 37,90

HEFT 1164
Dr.-Ing. Eginhard Barz und Dr.-Ing. Siegfried Stendorf u. a., Verein zur Förderung von Forschungs- und Entwicklungsarbeiten in der Werkzeugindustrie e. V., Remscheid
Teil I Arbeitsverhalten von scheibenförmigen Werkzeugen
Teil II Schnittversuche an verleimten Holzwerkstoffen
    1963. 90 Seiten, 16 Abb., 6 Tabellen. DM 44,80

HEFT 1181
Prof. Dr.-Ing. Joseph Mathieu und Dipl.-Ing. Kurt Gollnow, Forschungsinstitut für Rationalisierung an der Rhein.-Westf. Technischen Hochschule Aachen
Beitrag zur Rationalisierung handwerklicher Betriebe. Entwicklung einer Untersuchungsmethode, dargestellt am Beispiel des Schreinerhandwerks
    1963. 118 Seiten, 19 Abb., zahlr. Übersichten.
    DM 62,50

HEFT 1281
Prof. Dr.-Ing. Franz Kollmann und R. Teichgräber, Institut für Holzforschung und Holztechnik der Universität München
Die Abhängigkeit der Querzugfestigkeit der Spanplatten vom Anteil an Feingut

Ein Gesamtverzeichnis der Forschungsberichte, die folgende Gebiete umfassen, kann vom Verlag angefordert werden:
Acetylen / Schweißtechnik - Arbeitswissenschaft - Bau / Steine / Erden - Bergbau - Biologie - Chemie - Eisenverarbeitende Industrie - Elektrotechnik / Optik - Fahrzeugbau / Gasmotoren - Farbe / Papier / Photographie - Fertigung - Funktechnik / Astronomie - Gaswirtschaft - Hüttenwesen / Werkstoffkunde - Kunststoffe - Luftfahrt / Flugwissenschaften - Maschinenbau - Medizin / Pharmakologie / NE-Metalle - Physik - Schall / Ultraschall - Schiffahrt - Textiltechnik / Faserforschung / Wäschereiforschung - Turbinen - Verkehr - Wirtschaftswissenschaft.

 Springer Fachmedien Wiesbaden GmbH

If you have any concerns about our products,
you can contact us on
ProductSafety@springernature.com

In case Publisher is established outside the EU,
the EU authorized representative is:
**Springer Nature Customer Service Center GmbH
Europaplatz 3, 69115 Heidelberg, Germany**

Printed by Libri Plureos GmbH
in Hamburg, Germany